Baumaschinen im Einsatz

Verlag Podszun-Motorbücher GmbH
Elisabethstraße 23-25, D-59929 Brilon
Herstellung Druckhaus Cramer, Greven
ISBN 3-86133-283-3

Michael Schauer

Baumaschinen im Einsatz

- Bagger
- Radlader
- Muldenkipper
- Raupen

PODSZUN

Kaum hatten wir das Schwertransportebuch fertig, meinte mein Bruder Michael: „ Jetzt sind wir so schön in der Übung, machen wir am besten gleich das nächste". Und obwohl mir eigentlich noch gar nicht danach war, erkundigte ich mich zaghaft „Worüber denn?" Die Frage hätte ich mir sparen können. Wenn Sie meinen Bruder persönlich kennen, wissen Sie, dass er immer nur das eine im Kopf hat: Kraftfahrzeuge – die Betonung liegt auf Kraft. Andere Eltern dürfen sich über ein erstes „Mama" oder „Papa" ihrer Sprösslinge freuen, das erste Brabbeln meines Bruders war „großer Bagger", und um das zu unterstreichen, saß er dabei zufrieden bis unter die Ohrläppchen im Dreck. So wurde dieses Buch eine Dokumentation der größten Leidenschaft seines Verfassers: „Baumschinen im Einsatz" zeigt Ihnen Kraftfahrzeuge, die buchstäblich in Millionen Jahre altem „Dreck" wühlen.

Mir hat es große Freude gemacht, meinen Teil zu diesem Buchprojekt beizutragen. Obendrein habe ich wieder einmal einiges gelernt. Schauen Sie Michaels Fotos an. Vielleicht schwappt ein bisschen von seiner Begeisterung auch auf Sie über. Nicht vergessen sollten wir ein Dankeschön an Michaels Ehefrau Petra, die nicht nur viel Verständnis für das Hobby ihres Mannes hat, sondern es mittlerweile sogar teilt. Sie hat ihn begleitet auf seinen Ausflügen in die Steinbrüche und ist immer wacker mit dem Fahrrad gefahren, wenn Michael mal wieder mit dem Auto auf der Suche nach neuen Motiven war.

Sabine Sander
Lippstadt/Anröchte im Mai 2002

Baumaschinen im Einsatz

Baumaschinen im Einsatz

Südwestfalen

Viele der großen Steinbrüche Südwestfalens sind am Hellweg angesiedelt, nahe der Zementstädte Erwitte, Geseke und Paderborn. Seit Jahrzehnten wird dort Kalkgestein abgebaut, die Zementindustrie ist ein wichtiger wirtschaftlicher Faktor der Region. In jüngster Zeit liefern die Steinbrüche auch Material für den Straßenbau, das aus den tieferen Schichten gewonnen wird. Aber Steinbruch heißt nicht immer nur Kalkgestein beziehungsweise Zement: In Südwestfalen, am Rande des Haarstrangs, liegen Steinbrüche, in denen Blaustein und Grünstein abgebaut werden, Steinarten, die nicht nur regional verarbeitet werden. Man findet Blau- und Grünstein als Bodenbeläge, Fensterbänke usw. In früheren Zeiten wurden Kellergewölbe, Wohnhäuser und ganze Kirchen massiv aus diesem Gestein errichtet. Zur Zeit erleben Blau- und Grünstein sogar eine Renaissance in der anspruchsvollen Wohnkultur.

Für dieses Zementwerk in Erwitte wird der Transport des Gesteins von Fahrzeugen und Fahrern einer Spedition aus Niederberg-heim übernommen. Die Radlader gehören zum Zementwerk. Diese Fahrzeuge wurden 1989 fotografiert, die Zugmaschinen findet man heute im Steinbruch nicht mehr. Die Mulden der Firmen Riepe und Käsbohrer wurden von der nächsten Zugmaschinengeneration übernommen. Transportfahrzeuge: Zwei Hauber Scania 142 E 6x4 (420 PS) mit Riepe-Mulden und ein Frontlenker Scania 142 6x4 (420 PS) mit aufgesattelter Kässbohrer-Mulde.

CAT 988 B bei der Beladung der Käsbohrer-Mulde mit gesprengtem Kalkstein (oben).

Der Radlader macht Feierabend. Der CAT 988 B wird von einem V-8 Turbomotor mit einer Leistung von 375 PS angetrieben. Das Einsatzgewicht beträgt rund 43,5 t.

Eine neue Generation: Diese Fotoserie entstand 1998. Hauber Scania 144 C (530 PS) mit Riepe-Mulde.

Hauber Scania 143 E (500 PS) mit Kässbohrer-Mulde.

Durch die nur 30 PS mehr Leistung beim 144 C kann dieser am Hang mit etwa zwölf Prozent Steigung im dritten Gang fahren. Der 143 E mit dem kleineren Motor muss im dritten Gang untersetzt fahren und ist damit auch langsamer.

Der Radlader CAT 988 F mit 405 PS als Folgegeneration des CAT 988 B mit 375 PS.

CAT 988 F beläd die Scania-Muldenkipper im Wechsel mit gesprengtem Material für die Zementherstellung. Der Schaufelinhalt beträgt 6 bis 6,7 m^3, das Einsatzgewicht des Beladegerätes 44,3 t.

CAT 988 F mit gefüllter Felsschaufel (ein Ladespiel bis ca. 11,5 t) als nagelneues Arbeitsgerät im Winter 2001. Sein Vorgänger hatte im Zwei-Schichten-Betrieb seine Leistung gebracht und wurde aus wirtschaftlichen Gründen ersetzt. Sobald die ersten teuren Reparaturen anfallen, wird auch der CAT 988 F für einen neuen Radlader Platz machen müssen.

Die Neuanschaffung des CAT 988 F brachte wiederum eine Leistungssteigerung zu seinem Vorgänger von 40 PS auf 445 PS. Das Einsatzgewicht dieses Radladers beträgt 45,3 t.

CAT 988 F beläd die Riepe-Mulde des SCANIA 144 E mit gesprengtem Material.

In diesem Steinbruch findet sich noch die „alte Garde“: Insgesamt drei MAN 32.281 Muldenkipper mit seitenkippbarem Riepe-Aufbau und -Hänger.

MAN 32.281 wird beladen mit gebrochenem Material von dem O&K/Faun Radlader L 55.

Komatsu HD 465-5 mit einem 725 PS-Motor von Komatsu, Nutzlast 55 t.

Die zuvor gezeigten MAN werden quasi nur noch für „leichtere Arbeiten" eingesetzt. Richtig schuften müssen hier heute ein Komatsu HD 605-5 mit 725 PS und 55 t Nutzlast, beladen vom Bagger CAT 5080, und die CAT-Mulde 775 D mit 703 PS und 63 t Nutzlast, beladen vom Bagger CAT 375. Der CAT 5080 Hochlöffelbagger bringt eine Leistung von 434 PS, die Felsschaufel fasst 5,2 m^3, so dass der Bagger mit einem Hub etwa 8 t Kalkgestein aufnehmen kann.

Henschel HS.34 TAK mit nach hinten kippbarer Riepe-Mulde, der Vorgänger des unten abgebildeten MAN 33.322

Erwitte, die Zementstadt am Hellweg

Als Indiz für den jahrzehntelangen Abbau in diesem Steinbruch dient dieser Menck C 250 mit Elektroantrieb aus den fünfziger Jahren. Mit seinem Hochlöffel fasst er bis zu 2,5 m^3 Material bei einem Arbeitsgewicht von 77 t. Mittlerweile ist um den Bagger herum ein kleiner Birkenhain gewachsen, in dessen Mitte er still vor sich hin rostet.

Nach der Menck-Äera kamen die Caterpillar. Dieser CAT-Radlader 988 wurde von 1963 bis 1976 gebaut. Während er auf diesen Fotos mit seinen 325 PS noch Abraum fährt, wurde der Radlader schon vor einigen Jahren abgelöst.

Zum Transport des gesprengten Materials werden zwei Sattelzugmaschinen MB 2635 6x4 (350 PS) mit Riepe-Doppelmulden-Auflieger eingesetzt. Beladen haben die Gespanne ein Gesamtgewicht von etwa 60 t.

Derselbe Riepe-Auflieger mit einer neuen MAN 33.464 6x4 Zugmaschine (460 PS).

MAN 36.372 6x6 (370 PS) Zugmaschine mit aktueller Hinterkippmulden-Technik von Carnehl, beladen mit etwa 40 t Kalkgestein.

Im Folgenden noch einige Fahrzeuge aus Erwitter Steinbrüchen: Im ständigen Pendeldienst zwischen Steinbruch und Kippstelle sind zwei MB 2635 (350 PS) 6x4 mit Sattelkippmulde von Riepe …

… und zwei MB 2632 6x4 (320 PS) ebenfalls mit Riepe-Sattelkippmulde unterwegs. Alle Fahrzeuge schaffen pro Tour je 45 bis 50 t Kalkgestein zum Brecher.

Beladen werden alle vier Gespanne von einem Radlader CAT 988 B mit je drei Ladespielen. Der Radlader verfügt über einen V-8-Turbodiesel mit 375 PS und wiegt gute 43,5 t.

Die neueste Errungenschaft in diesem Steinbruch ist ein MB Actros 3340 6x4 (400 PS) mit ebenfalls neuer Riepe-Sattelkippmulden-Konstruktion.

Diese Fotografie ist mittlerweile zehn Jahre alt. Seinerzeit waren die Muldenkipper Kaelble KV 25 im Einsatz, die hier von einem Komatsu Radlader beladen werden.

Das Material wird abgefahren mit zwei CAT Knicklenkern und einem CAT Radlader 980 C. Heute wird der Steinbruch als Bodendeponie wieder aufgefüllt.

Der Steinbruch zum gleichen Zeitpunkt aus einer anderen Perspektive.

CAT 980 C beim Beladen des CAT D 35 C Knicklenkers. Im Vordergrund der CAT D 300 B.

CAT D 300 B 6x6 mit 260 PS und einer Nutzlast von 27,2 t beim Abkippen von minderwertigem Material.

CAT D 35 C mit 255 PS und einer Nutzlast von 31,8 t.

Ende der neunziger Jahre wurde die Kaelble KV 25 ausgemustert. An ihre Stelle traten zwei Komatsu HD 325-6. Der Turbomotor mit Direkteinspritzung und Ladeluftkühler bringt 495 PS. Damit fährt der Komatsu HD 325-6 bei einer Nutzlast von 38 t und einem Betriebsgewicht von 65,2 t immer noch 70 km/h auf gerader Strecke. Die Kabine ist vollklimatisiert und bietet dem Fahrer eine Menge Komfort.

Bei meinen Fotoreisen und Recherchen fiel mir auf, dass neben den Großladern von Caterpillar immer mehr Beladegeräte von Komatsu und auch – wie auf den folgenden Fotos dokumentiert – von Volvo in den Steinbrüchen arbeiten.

Volvo L 330 D – der größte Lader von Volvo – mit einem Schaufelvolumen von 6,1 bis 13,5 m^3 je nach Schaufel und zu ladendem Material. Der Lader ist vom Boden bis zu den Zähnen seiner Schaufel um die 7,20 m hoch. Der Volvo mit 503 PS füllt die Lücke in der Gewichtsklasse zwischen CAT 988 mit 430 PS und 43 t Einsatzgewicht und CAT 990 mit 625 PS und 73 t. Der Volvo wiegt rund 50 t.

Volvo L 330 D beim Beladen einer Perlini-Mulde Typ DP 366 C

Volvo L 330 D mit einer älteren Faun K 40.5 mit gesprengtem Kalkstein. Die Mulden kämpfen in der gleichen Gewichtsklasse und sind mit drei Ladespielen (38-40 t) voll. Unten: Die Muldenkipper entladen am Brecher.

Eingebunden in die Landschaft liegt dieser Steinbruch in Geseke. Im Hintergrund der Ortsrand der Stadt, vorn ein Komatsu WA 500-3 Radlader beim Beladen eines MB 3535.

Blick auf die Anlage zur Herstellung des Zements.

Zum Transport des Kalkgesteins vom Steinbruch zum Brecher wird hier ein MB 3535 8x4 mit 350 PS und Riepe-Kippmulden-Aufbau (Einsatzgewicht beladen etwa 50 t)…

…und ein MB 2536 6x4 mit einem Bender-Kippmulden-Aufbau eingesetzt. Die Bender-Mulde wurde bei Riepe am hinteren Teil geändert und verstärkt.

Im Steinbruch beläd ein Radlader Komatsu WA 500-3 den MB 2536, der damit auf ein Gesamtgewicht von etwa 45 t kommt.

Oben am Brecher.

Eines Tages fragte mich ein Arbeitskollege, warum mein Auto so dreckig sei. Ich antwortete ihm, dass ich tags zuvor in einem Steinbruch war, um eine Euclid-Mulde zu fotografieren, die – wie sich zu meinem Bedauern herausstellte – aber bereits verkauft worden war. Mein Kollege berichtete mir daraufhin, dass er täglich auf seinem Weg zur Arbeit an einem Steinbruch vorbei käme, wo mit einem Bagger so „komische Dinger" beladen würden. Meine Neugierde war geweckt und ich fuhr sofort nach der Arbeit los. Es regnete in Strömen. Zu meiner Freude entpuppte sich der „Bagger" als ein Radlader CAT 980 G. Dieses Ladegerät neuester Generation bringt mit seinem Dieselmotor eine Leistung von 325 PS. Bei einem Einsatzgewicht von knapp 30 t bringt der 980 G mit einem Ladespiel bis zu 6,75 t in die Mulde.

A35C
VOLVO

A35C
VOLVO

Die „komischen Dinger" entpuppten sich als zwei Volvo A 35 C 6x6. Für diese Fotos zahlte ich mit einer völlig verdreckten Regenjacke und Gummistiefeln, die nicht nur äußerlich voller Matsch waren. Die Mulde des 363 PS starken A 35 C fasst 19 m³ bzw. 32 t, in diesem Fall Abraum.

In diesem Steinbruch wird Grünstein gewonnen. Dazu müssen zunächst 1 bis 1,5 m Abraum abgetragen werden. Danach wird eine 12 bis 15 m hohe Schicht Kalkgestein abgebaut. Das erledigt hier der Radlader Komatsu WA 470 mit 263 PS. Er beläd die Tansportfahrzeuge mit dem gesprengten Kalkgestein. Dieses wird überwiegend im Straßenbau verwendet.

Das Abfahren übernehmen die Zugmaschinen MB 1844 4x2 mit 440 PS und einem einachsigem Riepe-Seitenkippmulden-Auflieger mit 14 t Fassungsvermögen (oben), die MB 1838 4x2 mit 380 PS und gleichem Auflieger von Riepe (Mitte), die MB 1844 4x2 mit 440 PS und Riepe-Auflieger (unten)...

...und die MB 1834 4x2 mit 340 PS, ebenfalls mit Riepe-Auflieger. Dieser Zugmaschine wurde von einer MB Actros die Luftfilteranlage hinter die Kabine montiert. Da die Bänke oftmals abbaubedingt sehr beengt sind, werden zum Transport wendige dreiachsige Sattelzüge verwendet.

Die Grünsteinbank selbst ist etwa 2 bis 3 m hoch. Die Blöcke mit einem Gewicht von 10 bis 25 t werden herausgeschnitten und mit dem Hyster-Stapler vom Untergrund aufgehoben und verladen.

MB 1838 beim Transport der Blöcke zu den weiterverarbeitenden Betrieben.

Baumaschinen im Einsatz

Münsterland

Im südöstlichen Münsterland liegen, schon von weitem sichtbar, die Zementwerke der Städte Beckum, Neubeckum und Ennigerloh. Beckum gilt als die Stadt in der Mitte Westfalens. Das erste Zementwerk wurde hier bereits 1872 gegründet und fortan entwickelte sich der Beckumer Raum zu einem der bedeutendsten und größten Zementreviere der Welt. Ja, und wenn man lange genug tief gräbt, findet man auch einen Schatz. In Beckum fand man gleich mehrere: Neben Grabstätten aus der Zeit von 600-800 nach Christi und der Ruhestätte eines ehemaligen Fürsten der Region findet sich hier eines der ältesten Kulturzeugnisse Westfalens: Drei Kistengräber aus der Jungsteinzeit. Gerade hier wird der Grundsatz der Renaturierung sehr ernst genommen und so werden ausgebeutete Steinbrüche zu Naherholungsgebieten. Nicht umsonst steht das Münsterland für Pferdewiesen und Fahrradwege.

MB 1924 mit Riepe-Doppelmulde. Dieses Fahrzeug ist mittlerweile außer Dienst gestellt, seine Arbeit haben MB 2636 übernommen.

Liebherr R 984 Litronic beim Beladen eines MB 2636 6x4 mit 3 m breitem Doppel-Mulden-Auflieger von Riepe. Die 360 PS des MB-Motors bewegen ein Gesamtgewicht von bis zu 75 t.

Im Vordergrund auf der ersten Bank ein Liebherr R 992 Litronic beim Beladen.

Ein Liebherr R 984 Litronic auf der nächsten Bank wird vor Ort betankt.

Liebherr R 984 Litronic mit 10,80 m Abbauhöhe

Liebherr R 992 Litronic. Das Litronic-System umfasst eine intelligente Elektronik und ausgereifte Hydraulik. Es koordiniert alle Schlüssel-Systeme des Arbeitsgeräts.

CAT D 11 R mit 850 PS bei einer Demonstration des „Reißens". Die Raupe reißt das Kalkgestein aus der Bank. Der Einzahn-Aufreißer kann je nach Härte und Beschaffenheit bis zu 1,60 m in das Gestein eindringen. Bei diesem Versuch stellt sich allerdings heraus, dass das Kalkgestein im Raum Beckum auch für eine D 11 zu hart ist, um es zu reißen. Bevorzugt wird hier weiterhin das Reißen mit Baggern direkt aus der Wand.

Hier belädt ein Demag H 185 S Hochlöffelbagger einen...

...Perlini DP 366 C Muldenkipper mit drei Ladespielen a 9 m³

In Steinbrüchen, die in unmittelbarer Nähe zu Wohngebieten oder Hauptverkehrsstraßen liegen, darf nicht gesprengt werden. Hier werden Bagger dieser Größenordnung eingesetzt. Der Demag H 185 S Hochlöffelbagger wiegt 216 t. Mit 1.142 PS kann er auf eine Arbeits-Abbauhöhe von 10 m den Kalkstein direkt aus der Wand reißen. Zur Verdeutlichung der riesigen Ausmaße des Baggers dient hier der Baggerfahrer bei der Zigarettenpause.

Der Demag H 185 ist der „ältere Bruder" des H 185 S.

Euclid R.25 mit 240 PS und etwa 25 t Nutzlast.

O&K RH 60 Hochlöffelbagger mit 760 PS und einem Gesamtgewicht von 112 t. Die Klappschaufel hat einen Inhalt von 6,5 m^3.

In vielen Steinbrüchen zu Hause: Der Radlader CAT 988 F, hier beim Beladen eines MB 2635.

Radlader CAT 988 B mit V-8-Dieselturbo mit 375 PS, Einsatzgewicht etwa 43,5 t, Vorläufer des 988 F

Zugmaschine MB 2636 6x4 mit Doppelmulden-Auflieger. Der Auflieger ist etwa 3,50 m breit. An der Zugmaschine wurden entsprechend die Stoßstangen verbreitert und die Außenspiegelhalterungen verlängert. Der Auflieger fasst 80 t. Der Sattelzug kommt damit auf ein Gesamtgewicht von etwa 120 t und war seinerzeit vollkommen untermotorisiert. Von den Fahrern wurde er nur „die Bremse" genannt. Erstens dauerte das Beladen des riesigen Aufliegers länger, dann behinderte die langsame Fahrt den Betrieb und das Abladen am Brecher nahm wiederum viel Zeit in Anspruch. Bei den kleineren Sattelzügen ging dieser Ablauf wesentlich flotter und war damit letztendlich wirtschaftlicher.

In diesem Steinbruch bei Beckum arbeiten fünf Züge der Gewichtsklasse bis 75 t Gesamtgewicht. Hier der MB Actros 3348 6x4 (480 PS) beim Beladen der Riepe-Doppelmulde mit gesprengtem Material durch den Radlader CAT 988 F.

MB Actros beim Abkippen am Brecher.

Scania 143 E 6x4 mit 500 PS und einer Marrel-Doppelmulde, die stärkste Zugmaschine in diesem Steinbruch

Die beiden MB 2635 6x4 mit jeweils 350 PS, einmal mit Marrel- und einmal mit Riepe-Doppelmulde beim wechselnden Beladen unter dem CAT Bagger 375

Der CAT 375 beim Reissen. Die Nähe zu einer Landstraße erlaubt eine Sprengung des Kalkgesteins nicht. Der Bagger muss das Material zwischen den Ladevorgängen losreissen. Zu dem Zweck ist er mit einem Schnellwechselsystem ausgerüstet. Die Felsschaufel kann in kürzester Zeit gegen den Reisszahn ausgetauscht werden.

CAT 345 B beim Beladen einer Wabco-Mulde mit 50 t Fassungsvermögen

Interessant und selten: Wabco Haulpak Truck Model 50 Detroit Diesel 16 V-71 N mit 16 Zylindern und 608 PS. Diese Fahrzeuge werden im Warendorfer Raum eingesetzt, um Abraum zu transportieren sowie das Material und Erdreich für die Renaturierung eines Streinbruchs anzufahren

Blick auf den riesigen 16-Zylinder-Detroit-Diesel. Das Model 50 wird von Wabco (USA) auch mit einem 12-Zylinder-Cummins-Diesel mit 635 PS angeboten

Die Wabco-Mulde ist 4,09 m breit, das gesamte Fahrzeug 8,81 m lang und 4,32 m hoch

Dieser Steinbruch in Beckum ist Teil eines Zementwerkes in Neubeckum. Zum Transport des Kalkgesteins über öffentliche Straßen setzt eine Beckumer Spedition im Pendelverkehr mehrere MB 1735 mit Riepe-Mulden ein.

Beladen werden die Tranportfahrzeuge in diesem Steinbruch von einem Liebherr 992 Litronic mit zwei Ladespielen und haben somit ein Gesamtgewicht von etwa 40 t

Liebherr 992 Litronic beim Reißen des Kalkgesteins

Der Bagger zum Feierabend in Ruhestellung

Der Liebherr 981 ist mittlerweile in Pension

MB 2432 mit Single-Bereifung auf den hinteren Achsen und Riepe-Kippaufbau und -Anhänger. Vielleicht wurde dieser Oldie seinerzeit vom Liebherr 981 beladen.

Dieser Bagger ist ein Goliath: Mit höchstens zwei Ladespielen belädt der Liebherr 994 Litronic die Transportfahrzeuge, hier einen Scania Hauber T 112 HK Sattelzug

Der Liebherr 994 Litronic wiegt 229 t und wird angetrieben von einem 12-Zylinder-Cummins-Diesel mit 1273 PS. Der Bagger wird bestückt mit Hochlöffeln der Kapazität 10,5 bis 18 m³. Das sind 15 bis 27 t Kalkgestein pro Ladespiel. Mit der Felsschaufel kann der Bagger noch in einer Höhe bis zu 13 m Gestein reißen. In die Tiefe geht er bis 4 m.

Scania Hauber T 113 H mit 360 PS und einer Mulde von Wellmeyer mit 22 t Nutzlast. Das Gesamtgewicht des Gespanns liegt bei 40 t. Die hintere Achse des Aufliegers lenkt mit. Während die großen Mulden auf öffentlichen Straßen bekanntlich nicht zugelassen sind, werden für den Transport des Gesteins ausserhalb des Steinbruchs Fahrzeuge eingesetzt, die der StVzo entsprechend zugelassen sind, selbst wenn es nur um die Überquerung einer öffentlichen Straße geht

Der Liebherr 991 hat schon einige Jahre auf dem Buckel. Mittlerweile wurde er von seinen stärkeren Nachfolgern abgelöst. Er wiegt 164 t und ist ausgerüstet mit einer Felsschaufel mit 7,5 m^3 Fassungsvermögen. Der Cummins-Dieselmotor leistet 360 PS.

Perlini DP 255, Nutzlast 40 bis 45 t, mit Doppelmulde als Sattelauflieger, eine Eigenkonstruktion des Betreibers

Zugfahrzeug Perlini T 20 mit 320 PS. Die 3 m breite aufgesattelte Doppelmulde von Riepe verfügt über eine Nutzlast von 40 bis 45 t.

MB 2632 mit wiederum aufgesattelter Riepe-Doppelmulde. Dieser Auflieger ist 2,50 m breit, aber dafür etwa 40 cm höher. Damit kommt er dann auch auf die Nutzlast von 40-45 t.

Steinbrüche und ihre Umgebung bieten jedermann eine gute Möglichkeit für ausgedehnte Sonntagsspaziergänge. Bei einer solchen Gelegenheit entdeckte ich in einem Steinbruch am Rande des Münsterlandes diesen CAT 5130 B Hochlöffelbagger. Weil ich sonst sehr gezielt nach großen Ladegeräten und Transportfahrzeugen suche, war ich freudig überrascht. Mit so einem Riesen hatte ich nur 50 km „vor meiner Haustür" nicht gerechnet. Natürlich war ich dann nur wenige Tage später mit der Kamera wieder da.

Der CAT 5130 B Hochlöffelbagger kam im Juli 1997 auf den Markt als verbesserter Nachfolger des CAT 5130, den er um mehr als 100 PS überholt. Das Biturbo-Triebwerk 3508 B mit acht Zylindern bringt eine Leistung von 812 PS.

Das 181 t schwere Ladegerät belädt mit der 9 m^3 fassenden Felsschaufel einen Perlini DP 255 T Doppelmulden-Sattelzug in 4 bis 5 Ladespielen mit direkt aus der Wand gebrochenem Kalkgestein

Perlini DP 255 T mit 100 t Gesamtgewicht auf dem Weg zum Brecher. Der Detroit-Turbo-Diesel leistet 350 PS. Diese Fahrzeuge mögen in Deutschland wohl einzigartig sein, denn es handelt sich um Sonderkonstruktionen.

Die Fahrzeuge in diesem Zementwerk müssen eine alte Straßenbrücke unterfahren und das Abkippen am Brecher kann nur zur Seite erfolgen. Eine Standard-Mulde kommt hier also nicht in Frage. Wegen dieser speziellen Anforderungen baute Perlini unter Einbeziehung von Konstruktionsvorlagen des Betreibers dieses 40 t schwere Gespann. Auf Basis des Perlini Standardmuldenkippers DP 255 baute man diese Sattelzugmaschine mit verlängertem Radstand. Um auf 60 t Nutzlast zu kommen,wurde der Auflieger mit einer Spezialachse unter Verwendung von Teilen des Perlini DP 366 C 1 versehen.

Liebherr R 992 Hochlöffelbagger beim Beladen eines Sattelzuges bestehend aus MB 2635 6x4 mit 350 PS und Langendorf-Seitenkippauflieger. Die Zugmaschinen sind mit Steinschlagschutz ausgerüstet. Das fünfachsige Gespann mit 3 m breitem Auflieger bringt zusammen 55 bis 60 t auf die Waage.

MB 2635 6x4 mit 350 PS und Langendorf-Doppelmulde, Gesamtgewicht 80 bis 85 t.

Ein Liebherr R 982 Hochlöffelbagger belädt dieses vierachsige Gespann MB 2638 6x4 mit 380 PS und Langendorf Seitenkippmulde.

MB Actros 3343 6x4 mit 430 PS. Diese Zugmaschine ersetzte die MB 2635. Der Langendorf-Auflieger wurde zu einem Einachser umgebaut, da bei der ursprünglich zweiachsigen Version immer wieder Probleme mit den Federblättern der Achswippe auftraten.

Sintflutartige Regenfälle verwandelten diesen Steinbruch in ein großes Schlammloch. Nur mit Mühe konnte man der Wassermengen Herr werden, die bis zu einem halben Meter hoch im Gelände standen. Selbst der 988 F mit seinen 44 t und 405 PS stößt bei dieser Schlammschlacht schnell an seine Grenzen. Durch die hohe Feuchtigkeit und Dichte ist der Schlamm sehr schwer. Der Radlader muss hier mehr leisten, als im normalen Ladebetrieb.

Wo das Gelände einigermaßen befahrbar ist, wird auch gleich der Betrieb wieder aufgenommen

Der Muldenkipper 769 C mit 480 PS und einem Gesamtgewicht von 67,6 t fährt Abraum zur Halde. Die Mulde fasst 23,6 m^3.

CAT 375 beim Beladen eines CAT 769 C Muldenkippers

Im Wechsel mit dem 769 C fährt dieser CAT 769 D als Nachfolgemodell mit 503 PS und 68,2 t Gesamtgewicht.

Tecklenburgerland

Der Blick auf einen Steinbruch in mitten der Natur wirkt auf den Betrachter, der nicht täglich damit zu tun hat, immer etwas wie aus der Welt gerückt, obwohl gerade dieser Gegensatz eine interessante Kulisse ist. Sobald der Mensch den Raum als Arbeitsplatz aufgibt, nimmt die Natur ihn sich zurück. Ein Steinbruch schafft, wenn er nicht mehr in Betrieb ist, neue Lebensräume für Tierarten, die sich ohne Steinbruch nicht wieder angesiedelt hätten. Diesen Steinbruch bei Lengerich kann man auf einem zehn Kilometer langen Weg umwandern. Teilweise führt die Strecke durch renaturierte Steinbrüche. Auf der gesamten Wanderstrecke liegen sehr schöne Aussichtspunkte, die sowohl weit ins Münsterland reichen, als auch einen guten Blick auf das Tagesgeschehen im Steinbruch gewähren.

Hochlöffelbagger Liebherr R 992 belädt eine CAT-Mulde 775 D.

Zwischen den Ladevorgängen bricht der Liebherr 992 Material aus der Wand.

Zur Verdeutlichung der Größe des Baggers dient hier der Baggerfahrer

Steinbruch bei Lengerich

Kaelble KV 38 4x4 Allrad-Muldenkipper. Immer wieder bin ich überrascht von den Fahrzeugen, die in den „kleinen“ Steinbrüchen ihre Arbeit leisten. Hier ist nicht der modernste Stand der Technik maßgebend, sondern deutsche Wertarbeit wie Faun oder Kaelble wird geschätzt und gepflegt. Die Fahrzeuge sind oft so alt wie die Männer, die sie bedienen.

Der Faun K 25 wurde ab 1961 mit einem luftgekühlten Deutz-V12-Dieselmotor mit 250 PS gebaut. Ab 1964 gab es den K 25 mit 290 PS beziehungsweise 1965 mit 300 PS, seit 1972 treiben den Muldenkipper 340 PS an.

Mit den Pferdestärken änderte sich auch die Kühlerverkleidung. Dieses Foto zeigt einen weiteren Faun K 25 Muldenkipper mit einem Gesamtgewicht von 50 t bei rund 28 t Nutzlast

CAT D8 H Raupe mit Einzahn-Heckaufreisser. Der Besitzer meinte „man braucht nur die Batterie anzuklemmen, dann läuft das Ding wieder". Gebaut wurde der Dozer von 1958 bis 1974 mit einem 270 starken Turbo-Dieselmotor. Mit 33 t nicht gerade leicht, ist die D8 H ein Arbeitstier auf großer Fläche.

Ruhrgebiet

Das Ruhrgebiet steht für Kohle, Stahl und Chemieindustrie. Kaum jemand rechnet damit, dass in Folge geologischer Gegebenheiten gerade dort, wie in Wülfrath, auch große Kalkgesteinsvorkommen anzutreffen sind, die obendrein nicht allzu tief liegen und deshalb leicht erreichbar sind. Das Kalkgestein zieht sich in einer Wellenform unter Nordrhein-Westfalen entlang. Hochliegend beginnt diese Welle in Wülfrath, zieht sich dann tief in den Untergrund, um bei Warstein wieder in höhere Bodenschichten aufzusteigen. Dann taucht sie ab bis zu den Steinbrüchen im Raum Göttingen und von dort bis weit hinein nach Thüringen. Von den seitlichen Ausläufern dieser Welle profitieren Ruhrgebiets-Zementstädte wie Hagen und Menden sowie Erwitte, Geseke und Paderborn am Haarstrang in Südwestfalen.

Zum Beladen der riesigen Mulden, die um die 100 t Nutzlast aufweisen, werden naturgemäß große Bagger gebraucht. Der Hydraulikbagger O&K RH 90 C gehört sicherlich in diese Kategorie. Seine Felsschaufel fasst in einem Ladespiel 10 m^3 gesprengten Fels.

Der RH 90 C ist 5,80 m breit, 6,40 m hoch und wiegt etwa 156 t. Der Arbeitsbereich geht von 2 m in die Tiefe bis zu 12,5 m in die Höhe. Mensch und Maschine leisten proffessionelle Arbeit. Der Antrieb und die Hydraulik des Ladegerätes sind hochtechnisiert und stellen an das Bedienpersonal enorme Anforderungen.

Neben dem O&K RH 90 C arbeitet in diesem Steinbruch auch ein O&K RH 75 Hochlöffelbagger älteren Baujahrs mit elektrischem Antrieb. Die Felsschaufel liefert 8,1 m^3 Material in einem Arbeitsgang.

O&K RH 75 beim Beladen einer CAT 773-B-Mulde. Der Muldenkipper mit 650 PS verfügt eine Nutzlast von 60 t mit einem Gesamtgewicht von etwa 93 t.

Der Muldenkipper Komatsu HD 605-5 bringt mit seinen 725 PS und einem Hubraum von 23 l mit einer Beladung von 60 t immer noch knapp 70 km/h auf die gerade Strecke.

Der Muldenkipper CAT 773 B gehört ebenfalls zur 60-t-Nutzlast-Klasse. Der Antrieb geht vom 27-l-Turbodiesel mit 692 PS über das Planeten-Lastschaltgetriebe in die Planetantriebsachse und bringt so 64 km/h auf die Straße. Damit ist er nur unwesentlich langsamer als sein Kollege von Komatsu.

Neben den beiden O&K-Baggern wird auch ein Radlader CAT 990 zum Beladen eingesetzt. Mit einer Kraft von 610 PS belädt er einen CAT 775 D Muldenkipper mit vier Ladespielen. Dieser Radlader hat kein Lenkrad. Die Steuerung läuft über die STIC-Control-Lenkung, vergleichbar mit dem Joy-Stick bei Computer-Spielen.

O&K RH 40-B Hochlöffelbagger

Schnappschuss: Zu meiner Freude entdecke ich eine alte Faun 40.5, gefolgt von einem CAT 773 B (oben). Feierabendstimmung: Vier CAT 773 B, ein CAT 775 D und der Komatsu HD 605-5 vor der Kulisse des Steinbruchs. Oben rechts steht der O&K RH 90 C (unten).

201

Im Gelände stehend hatte ich diesen 870-PS-Riesen (auch linke Seite) mit dem Teleobjektiv fotografiert. Von weitem kam mir das Fahrzeug recht harmlos vor. Das änderte sich schnell, als ich feststellen musste, dass die Route des Giganten meinen Standort kreuzte und mir der Rückzug durch einen hohen Zaun versperrt war. Im Abstand von knapp 2 m preschte das Fahrzeug mit immerhin noch 40 km/h an mir vorbei. Muldenkipper CAT 777 B. Das 5,6 m breite Fahrzeug ist die drittgrößte Mulde in der Auswahl von Caterpillar.

Der Muldenkipper CAT 777 D ist das größte bisher von mir fotografierte Fahrzeug dieser Kategorie. Eine Nutzlast von 96 t bzw. das Gesamtgewicht von 162 t bewegt ein V-8-Motor mit 951 PS. Das Fahrzeug fährt beladen auf gerader Strecke gut 60 km/h.

Seit Jahrzehnten wachsen hier Steinbruch und Zementwerk in die Landschaft

Im Vordergrund: Radlader CAT 990, Perlini 705 Muldenkipper, Perlini 605 und nochmal ein Perlini 705, dann ein CAT 775 Muldenkipper. Im Hintergrund: zwei Muldenkipper Komatsu HD 605-5, erkennbar am schwarzen Streifen an der Mulde, zehn CAT 777 der Baureihen B und C und als Beladegerät ein CAT 992 G. Unten: Hier noch einmal der CAT 777 C und drei 777 B.

Der Bagger Demag 135 wiegt 125 t. Seine Motorleistung (Diesel) liegt bei 741 PS. Die Klappschaufel fasst 9,5 m^3 in einem Ladespiel mit einer Ladeleistung bis zu 1400 t in der Stunde (je nach Abbauart).

Zum „Wassersprenger" umgebauter Muldenkipper CAT 773 B. Die Einfüllstutzen für den Wassertank sind an der Fahrerseite angebracht. In Steinbrüchen mit naheliegenden Ortschaften (hier bei Wuppertal) wird die Fahrbahn an trockenen Tagen angefeuchtet, um die Staubentwicklung zu mindern. Das kommt den Menschen und Maschinen innerhalb des Steinbruchs zu Gute.

324
773B

324
773B
324

Sauerland

Bei Gesprächen mit den Fahrern war ich immer wieder erstaunt über deren bescheidene Meinung zu ihren Fahrzeugen. Sie wunderten sich über mein Interesse an ihren „kleinen" Muldenkippern, Radladern oder Baggern und meinten, dass vielleicht Amerika doch wohl eher eine Reise wert wäre, denn da würde man bestimmt die richtig großen Fahrzeuge ablichten können. Aber „groß" ist nicht auch immer gleich interessant. Selten und klein, wie beispielsweise die folgenden Faun oder O&K K 40.5 Muldenkipper, darf es auch sein. Wobei ich zugeben muss, dass Amerika gerne mein nächstes Reiseziel sein dürfte. Im Sauerland gibt es eine Reihe spannender Steinbrüche wie zum Beispiel in Brilon, der waldreichsten Stadt Nordrhein-Westfalens, oder in Warstein, jene Stadt, die nicht nur bekannt ist für hervorragendes Bier, sondern auch für ihre Kalksteinvorkommen.

Faun K 40.5 wurde ab 1988 gebaut. Als ältester der Baureihe hat dieser hier auf dem Kühler noch das Logo von Faun.

Der K 40.5 wurde von Faun in Zusammenarbeit mit O&K gebaut. Die Mulde ist ausgelegt auf 24 m³ beziehungsweise 38 t Nutzlast.

Dieses Fahrzeug ist bereits ein O&K. Die Typenbezeichnung K 40.5 wurde von O&K übernommen. Am Fahrzeug selbst hat sich nach der Übernahme nichts geändert. Seit 1998 fährt der K 40.5 mit einem luftgekühlten 12-Zylinder-Deutz-Diesel mit 480 PS, konnte seinerzeit aber wahlweise auch mit einem Diesel-Antrieb von General-Motors geliefert werden.

Im Hintergrund die westfälische Kleinstadt Warstein

Bagger O&K RH 30-E mit 400 PS und 6,1-m^3-Felsschaufel belädt eine der Faun K 40.5 Muldenkipper mit 3-4 Ladespielen. Da dieser Bagger in der Nähe einer großen Brauerei arbeitet, ist sein Hydrauliköl biologisch abbaubar.

Die Schaufel des O&K RH 30-E kann greifen. Hier nimmt sie die Kugel auf, um sie dann auf den Felsen fallen zu lassen. Beim Sprengen bleiben oft größere Gesteinsbrocken zurück, die der Brecher nicht fassen kann. Die großen Brocken werden auf diese Art zerkleinert. Den Vorgang nennt man irrigerweise „Kugeln".

Wo O&K draufsteht ist nicht mehr Orenstein & Koppel drin. Der weisse Bagger RH 40-E ist aus dem Hause Terex, beziehungsweise der zu diesem Konzern gehörenden O&K Mining GmbH aus Dortmund. Mit Orenstein & Koppel verbindet hier nur noch der Name. Der Bagger hat 496 PS. Er ist bestückt mit einer 8,1-m^3-Felsschaufel und schafft 14 t Felsgestein in einem Ladespiel.

Ein 700 PS starker, wassergekühlter Detroit-Diesel 12 V-Motor mit 18,1 Litern Hubraum bewegt diesen Perlini DP705 Muldenkipper. Gehäuft passen bis zu 42 m^3 Transportmaterial in die Mulde. Das Fahrzeug ist 9,65 m lang, 4,41 m breit und knapp 4,30 m hoch. Wahlweise liefert Perlini den Muldenkipper auch mit einem wassegekühltem MTU-Diesel 12 V-Motor, der eine Leistung von 750 PS liefert und mit einem Hubraum von 23,88 Litern ausgerüstet ist.

Als Vorgänger der auf der rechten Seite abgebildeten Ginaf fuhren in diesem Steinbruch die beiden Terberg F 1850 W 8x4. Sowohl Terberg als auch der Kippaufbau von Hyva kommen ebenfalls aus den Niederlanden.

In Deutschland selten zu sehen ist dieser Ginaf M 5364-T 10x6 mit 430 PS. Der Motor und die Kabine kommen aus dem Hause DAF (Typ WS 315). In ihrem Mutterland Holland werden diese Fahrzeuge hauptsächlich im Straßenbau eingesetzt. Der Ginaf wiegt bei 40-42 t Ladung insgesamt bis zu 64 t. Damit kann er genauso viel laden wie ein Sattelzug,, wobei er durch die Lenkbarkeit der vorderen drei Achsen bedeutend wendiger ist. Beladen werden die Ginaf von einem CAT 350 Tieflöffelbagger mit gesprengtem Material.

Hier kämpfen sich Götter und Helden durch das Urgestein. Eigentlich wollte ich in diesem Steinbruch bei Warstein nur ein bisschen kiebitzen, als mich schon von weitem das kraftvolle Röhren von starken Motoren begrüßte. Obwohl ein Samstag und trotz der Winterkälte wurde hier Abraum gefahren. Alle Fahrzeuge in diesem Steinbruch haben eigene Namen: Der CAT 990 Radlader „Attila", zwei CAT 775 D Muldenkipper „Apollon" und „Prometheus", ein CAT 769 C Muldenkipper „Juno" und der CAT 988 B Radlader „Ortwin". Da ich zunächst den Steinbruch nicht einsehen konnte, folgte ich den Motorengeräuschen. Dann fand ich den optimalen Standort, um mit dem Teleobjektiv das rege Treiben unter mir fotografieren zu können. Der CAT 990 Radlader der Serie II „Attila" leistet mit seinem 12-Zylinder-Dieselmotor 648 PS.

Bei einem Einsatzgewicht von 74,5 t schafft „Attila“ auch solche Felsbrocken. Zwischendurch belädt er die Muldenkipper, wie hier im Hintergrund CAT 775 D, mit vier Ladespielen.

Die Muldenkipper CAT 775 D „Apollon“ und „Prometheus“

Der CAT 775 D hat einen V-12-Dieselmotor mit 719 PS. Die Mulde fasst 65 t.

Hier begegnen sich noch einmal die beiden CAT 775 D „Apollon" und „Prometheus". Unten: CAT 988 B Radlader (375 PS) „Ortwin" belädt den CAT 969 C Muldenkipper (480 PS) „Juno". „Ortwin" wurde zwischenzeitlich abgelöst von „Attila" CAT 990 Radlader.

Zur optimalen Auslastung wurde die Bordwand der Mulde erhöht (oben). Zwischendurch am Brecher: Der Muldenkipper „Prometheus“ kippt seine Last ab (unten).

Diesen O&K K 60 Muldenkipper mit einer Nutzlast von 55 t entdeckte ich in den Lokalnachrichten im Fersehen. Kurzentschlossen machte ich mich anderntags gleich auf eine weitere Tour durch das Sauerland. Auf meinem Weg lagen mehrere Steinbrüche. So entstanden die folgenden Fotos.

Der Volvo L 330 mit 503 PS belädt den O&K K 60 mit drei Ladespielen Kalkgestein.

Faun 40.4 Muldenkipper, auch „schräger Otto“ genannt wegen seiner nach oben verjüngten Motorhaube. Der luftgekühlte Turbo-Dieselmotor bringt 480 PS bei einer Nutzlast von 36 t.

Terex 33-07 Muldenkipper mit 36 t Nutzlast und 493 PS V-12-Turbo-Dieselmotor

Muldenkipper O&K K 55 mit 654 PS starkem Turbo-Dieselmotor. Bei einer Nutzlast von 50 t bringt es der K55 auf ein Gesamtgewicht von 90 t.

Nicht nur in Steinbrüchen wird emsig Erde bewegt. Beim Bau des Autobahnabschnitts A46 Richtung Meschede kam dieser Demag H 121 Tieflöffelbagger (ca. 100 t) zum Einsatz, hier beim Beladen eines Perlini DP 366 Muldenkippers. Der Kipper wiegt 30 t bei einer Zuladung von 38 t (rund 24 m^3). Das Löffelvolumen des Baggers liegt bei 6 m^3.

Zur Vorbereitung des Untergrundes der späteren Fahrbahn lockert ein CAT D 9 R Kettendozer mit seinem Reisszahn am Heck den felsigen Boden auf eine Tiefe bis zu 1 m auf. Mit seinem 16,5 m³-Schild räumt der Dozer das gerissene Material zur Seite.

Ein CAT 365 B Tieflöffelbagger nimmt den Abraum auf und läd ihn auf verschiedene Muldenkipper, wie zum Beispiel den MB 4140 8x8 oder den MAN 35.464 8x8

Terex TA 30 mit geländetauglichem 6x6-Antrieb und Cummins-Dieselmotor mit 294 PS (Gesamtgewicht 47,5 t bei 20,5 t netto)

Westerwald

Als eine freundliche Stimme aus dem Radio mich auf einer Fahrt nach Frankfurt vor dem Stau auf der A 45 warnte, stand ich eigentlich schon mitten drin. Da die Strecke für mehrere Stunden gesperrt bleiben sollte, nutze ich ein paar Meter Standstreifen, um den nahen Parkplatz zu erreichen. Beim „Beinevertreten" in der näheren Umgebung stieß ich auf „Obelix", der fleißig den Siegerländer Kalkmergel abbaute. Lange vor der Zeit der Steinbrüche wurde im Siegerland und im Westerwald schon nach Erzen gegraben. Zusammen mit dem seinerzeit riesigen Waldbestand waren die Erzbergwerke der wichtigste wirtschaftliche Faktor der Region. Der Wald lieferte einerseits das zum Abstützen der Stollen notwendige Holz, andererseits brauchte man zur Verhüttung Holzkohle, die in riesigen Meilern hergestellt wurde. Über das Rothaargebirge und den Westerwald standen die Rauchfahnen der Meiler im Wind, wo heute nach Kalk gebaggert wird.

Komatsu PC 750 SE Hochlöffelbagger mit 450 PS und 3,8 m³ Felsschaufel. Das Betriebsgewicht beträgt 78 t.

Geladen wird auf Komatsu HD 325 4WD Muldenkipper mit einem Gesamtgewicht von 65 t und einer Nutzlast von 38 t (24 m³). Die Motorleistung wird mit 364 PS auf alle vier Räder übertragen. Beladen fährt der HD 325 4WD bei gutem Wegebau 70 km/h.

Der Komatsu PC 750 SE beim „Putzen". Der teilweise sehr fette Kalkmergel klebt in den Mulden. Unten: Pendeldienst vom Bagger zum Brecher und zurück.

Hannover

In diesem Steinbruch bei Hannover werden wöchentlich 35.000 t Kalkmergel abgebaut. Zur Gewinnung des Materials sind zwei Komatsu D 475A-2 Planierraupen im Einsatz. Da Sprengungen nicht in Frage kommen, wird der Untergrund auf eine Tiefe von etwa 1 m losgerissen. Dazu sind die D 475A-2 bestückt mit einem 7,3 t schweren Reisszahn, dem sogenannten Ripper. Das gerissene Material wird im zweiten Arbeitsgang von den Planierraupen vor den mobilen Brechern von O&K und Krupp zusammengeschoben. Dort nehmen es die Hochlöffelbagger Liebherr R 984 Litronic auf zum Verladen in die Brecher. Eigentlich wollte ich an dieser Stelle den Vorgang des „Reissens“ zeigen. Aber wegen Reparatur- und Wartungsarbeiten im Zementwerk wurde gerade am Tage meines Besuches im Steinbruch kein Mergel abgebaut. Eine der D 475A-2 war zur Wartung, die andere wurde eingesetzt zum Abschieben von Mutterboden. So hatte ich eigentlich noch Glück im Unglück, dass ich diese bei der Arbeit beobachten konnte.

100 t auf dem Weg zur Arbeit

Der Reißzahn arbeitet in einer Tiefe von 1,14 m bis 1,80 m.

Komatsus Antwort auf die CAT D 11: Die Komatsu D 475 A-2 hat deutlich größere Dimensionen als eine Planierraupe, die man gemeinhin im Tiefbau oder an den Autobahnbaustellen antrifft. Mit ihrem Heckaufreißer ist sie gut 11,5 m lang und 5,25 m breit.

Mit 770 PS und ihrem 26 m^3 fassenden Semi-U-Schild räumt die D 475 A-2 ganz schön was weg. Dabei vertilgt sie zwischen 90 l und 130 l Diesel.

Die 0,7 m breiten Ketten bieten mit ihren 39 Gliedern fast 6 m^2 Aufstandfläche. So wird die Vorschubkraft optimal in Traktion umgesetzt. Mit bis zum 14 km/h „saust" die D 475 A-2 durch das Gelände.

Die mobilen Brecher von O&K (oben) und Krupp (unten). Hinter dem mobilen Brecher von Krupp verbirgt sich das Ladegerät, der Liebherr R 984 C Hochlöffelbagger.

Der Liebherr R 984 C Hochlöffelbagger wiegt mit der 6 m^3 Kalkmergel fassenden Felsschaufel 118 t. Der 6-Zylinder-Dieselmotor von Cummins liefert 710 PS. Der Vorgänger des R 984 C, der R 984 (unten), verfügt über annähernd die gleichen Leistungsmerkmale.

Mit Reissraupen wird hier schon seit den sechziger Jahren gearbeitet. Die seinerzeit fünf D 355 A sind inzwischen von den beiden zuvor vorgestellten D 475 A-2 abgelöst worden: Ein Beweis der Leistungssteigerung der Technik. Hier die in Reserve stehende letzte der ehemals fünf D 355 A. Sie verfügt über 410 PS und wiegt 60 t.

Schwäbischer Wald

Im Frühsommer 2001 machte ich mich auf den Weg nach Göttingen auf den Rastplatz an der A 7. Dort stand ein Schwertransport beladen mit einem Radlader CAT 992 G. Bis dahin hatte ich nur Fotografien von diesem riesigen Gerät gesehen. Ich war so beeindruckt, dass ich die nächsten Tage damit verbrachte, den Standort des Radladers zu ermitteln, um ihn im Einsatz zu fotografieren. Ein paar Wochen später fuhr ich dann in Richtung Süddeutschland in die Keuperberge bei Backnang. Dort ist der CAT 992 G eingesetzt, um zusammen mit einem CAT 773 B Muldenkipper 210 Millionen Jahre altes Muschelkalkgestein aus dem Boden zu holen.

Der räumt ganz schön was weg: CAT 992 G mit 11,5 m³ fassender Felsschaufel im Haufwerk

Der Caterpillar 8-Zylinder-Viertakt-Dieselmotor mit zwei Turboladern und Ladeluftkühler bringt es auf 829 PS

Seine 18 t Ladung hebt der 992 G in knapp 10 sec. auf eine Höhe von 7 m. Der wuchtige Muldenkipper CAT 773 B mit 692 PS wirkt gegen den Radlader richtiggehend klein. Die Kabine des 992 G liegt fast 1,5 m höher als die des Kippers. Der Radladerfahrer könnte quasi in die Mulde schauen, wenn ihm die Schaufel nicht die Sicht nähme.

Die Mulde des CAT 773 B fasst knapp 55-60 t Nutzlast, mit gut drei Ladespielen des Radladers 992 G ist sie voll

Wenn's einmal läuft, dann läuft's: In einem Steinbruch, nur fünf Kilometer entfernt vom Standort des zuvor beschriebenen Radladers, treffe ich doch tatsächlich auf einen weiteren CAT 992 G. In diesem Steinbruch wird auf eine Tiefe von bis zu 20 m Abraum weggeschafft, um an den Muschelkalk zu kommen.

Der Abraum wird im Wechsel auf CAT 773 B und 775 D Muldenkipper beladen. Der 775 D ist der grössere und effektivere Kipper. Er lädt 41,5 m^3 bei einem Gesamtgewicht von über 106 t. Die Motorleistung liegt bei 720 PS. Der 773 B hat 692 PS und ein Ladevolumen von 34 m^3. Auf die Waage bringt er insgesamt 92,5 t.

Nachdem die Muldenkipper sich ihrer Ladung entledigt haben, kommt der CAT D 7R XR Kettendozer zum Einsatz

Seine 26,5 t Einsatzgewicht werden bewegt von 232 PS mit einer Schildkapazität von 8,34 m^3. Unten: Blick auf das Schotterwerk.

Weitere empfehlenswerte Bücher des Podszun-Verlags

Fordern Sie kostenlos und völlig unverbindlich unseren neuen Prospekt an mit Büchern über:

- Lastwagen
- Motorräder
- Autos
- Traktoren
- Feuerwehrfahrzeuge
- Baumaschinen
- Lokomotiven

Verlag Podszun-Motorbücher
Postfach 1525
D-59918 Brilon
Telefon 02961 / 53213
Fax 02961 / 9639900

280 Seiten, ISBN 3-86133-281-7
22 x 28 cm, fester Einband
EUR 39,90

260 Seiten, ISBN 3-86133-274-4
22 x 28 cm, fester Einband
EUR 44,90

144 Seiten, ISBN 3-86133-238-8
22 x 29 cm, fester Einband
EUR 19,90

144 Seiten, ISBN 3-86133-273-6
22 x 29 cm, fester Einband
EUR 19,90

144 Seiten, ISBN 3-86133-277-9
21 x 29 cm, fester Einband
EUR 19,90

144 Seiten, ISBN3-86133-221-3
22 x 28 cm, fester Einband
EUR 19,90

144 Seiten, ISBN 3-86133-222-1
22 x 29 cm, fester Einband
EUR 19,90

144 Seiten, ISBN 3-86133-278-7
22 x 29 cm, fester Einband
EUR 19,90

260 Seiten, ISBN 3-86133-247-7
21 x 28 cm, fester Einband
EUR 34,90

144 Seiten, ISBN 3-86133-263-9
21 x 28 cm, fester Einband
EUR 19,90

180 Seiten, ISBN 3-86133-207-8
21 x 28 cm, fester Einband
EUR 34,90

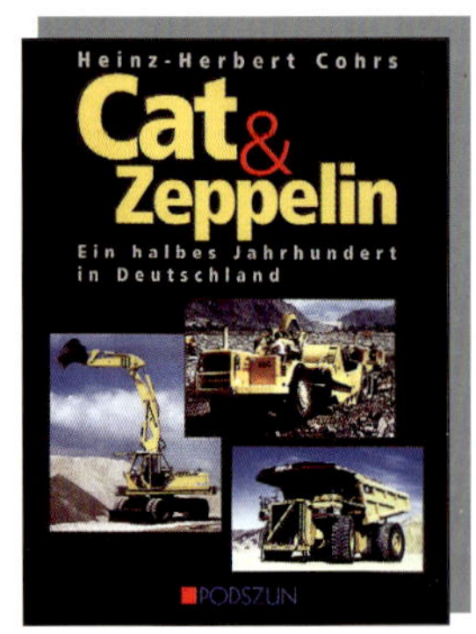

200 Seiten, ISBN 3-86133-242-6
21 x 28 cm, fester Einband
EUR 34,90

erscheint jährlich im Oktober

144 Seiten, ISBN 3-86133-268-X
24 x 17 cm, Leinenbroschur
EUR 14,90

neu:

144 Seiten, ISBN 3-86133-275-2
21 x 28 cm, fester Einband
EUR 19,90

144 Seiten, ISBN 3-86133-286-8
21 x 28 cm, fester Einband
EUR 19,90

240 Seiten, ISBN 3-86133-282-5
21 x 28 cm, fester Einband
EUR 29,90